INVENTAIRE
V 21,679

AF503366

V
+2380
(2)

METHODE NOVVELLE ET INFALLIBLE POVR FAIRE TOVTES SORTES DE QVADRANS PAR VNE SEVLE FIGVRE.

Intitulée Principe pour faire tous Quadrans.

Qu'on peut pratiquer tres facilement & presque en en vn instant sans aucune cognoissance des Mathematiques. Faite pour l'eleuation de Paris, & autres lieux qui sont sous mesme Paralelle.

Auec vn moyen de l'accommoder pour seruir à tous les pays du monde.

De plus une pratique pour mettre les Arcs des Signes des mois ou des iours en tous Quadrans qui ont centre soit en hault ou en bas.

A PARIS.

Et se vendent chez IEAN BOISSEAV Enlumineur & Imprimeur du Roy pour les Cartes Geographiques en l'Isle du Palais à la Fontaine de Iouuence Royalle.

M DC. XLI.

AVEC PRIVILEGE DV ROY.

A MONSIEVR

MONSIEVR DE VILLAHIER Conseiller du Roy en ses Conseils d'Estat & Priué, Me des Requestes ordinaires de son Hostel, & Intendant de la Iustice, Police & Finance és Prouinces de Touraine, Anjou, & le Maine.

MONSIEVR.

Me voyant obligé de donner au public la presente Figure qui sert pour faire toutes sortes de Quadrans solaires, auec vn petit Traicté qui en explique l'vsage, I'ay creu vous la deuoir dedier tant pour recognoissance de la singuliere affection dont vous m'auez tousiours honoré, que pour l'asseurance que i'ay qu'ayant l'approbation de vostre solide iugement, elle ne doit craindre la censure des esprits les plus delicats: Receuez la donc, s'il vous plaist, sous vostre aduen & protection, & permetez à l'Autheur de se dire, comme il est,

MONSIEVR,

Vostre tres-humble & tres-obeïssant seruiteur P. DV HEAVLME Prestre de l'Oratoire de Iesus.

AV LECTEVR.

LES choses les plus belles & les plus curieuses sont souuent negligées & delaissées à cause des difficultez qu'on trouue à les acquerir; Entre lesquelles on peut bien mettre la Methode de faire les Quadrans, que plusieurs prendroient grand plaisir de sçauoir & mettre en pratique : mais le grand nombre de lignes & le long discours qu'ils trouuēt dans les Autheurs qui en ont écrit, leur semble chose si difficile, que le degoust suit bien tost le desir qu'ils ont de les apprendre. Ce qu'ayant autrefois recogneu ie me proposay de rechercher quelque moyen d'abreger ce long trauail, & l'ayant heureusement trouué dans son principe, à sçauoir dans le globe, selon qu'il est exprimé en la presente Figure, I'ay esté conuié par de tres-sçauans Mathematiciens ausquels ie l'ay communiqué de le laisser imprimer, ce que ie n'ay peu refuser, croyant en cela rendre seruice au public, Et que les doctes qui en sçauent les raisons luy donneront leur approbation, & les autres qui en trouueront la pratique si facile & certaine, en receuront vne entiere satisfaction.

PRIVILEGE DV ROY.

PAR grace & Priuilege du Roy, Il est permis au Pere P. Dv Heavlme Prestre de l'Oratoire, de faire imprimer en tous les lieux qu'il luy plaira de ce Royaume, vne Figure Mathematique, Intitulée *Principe pour faire tous Quadrans*, Auec vn petit Liure qui en explique l'vsage, Intitulé *Methode nouuelle & infallible pour faire toutes sortes de Quadrans par vne seule Figure*, qu'il a composé, Et deffenses sont faites à toutes personnes sous pretexte d'augmentation, correction, changement de tiltre, traduction, fauces marques ou autrement, imprimer, vendre ny debiter ladicte Figure & Liure sans le consentement de l'Auteur, sur peine de cinq cens liures d'amende, & confiscation des Exemplaires, Comme est plus amplement porté audit Priuilege, concedé pour cinq ans, à commencer du iour que ladite Figure & Liure seront acheuez d'imprimer. Donné à Paris le quatriesme iour de Iuin mil six cens quarante-vn. Par le Roy en son Conseil, Signé DAVDIGVIER. Et scellé du grand sceau de cire iaune.

L'Auteur à permis à ROBERT ROGER de Montmorency, de faire imprimer le Traicté & Figure susdits.

Acheué d'imprimer le premier iour de Septembre mil six cens quarante vn.

DES QVADRANS EN GENERAL.

CHAPITRE I.

IL y a deux ſortes des Quadrans, les vns ſont vniuerſels, les autres climatiques, les vniuerſels peuuent ſeruir par tout le monde, comme l'Equinoctial & le Polaire, pourueu qu'ils ſoient poſez ſelon l'eleuation qu'ils doiuent auoir dans les lieux où on les veut faire ſeruir.

Les Climatiques ne ſeruent que pour les lieux qui ſont ſoubs meſme eleuation de pole ou climat d'où ils prennent le nom de Climatiques.

Entre les Climatiques les vns ſont reguliers, les autres irreguliers, les reguliers ſont ceux qu'on fait regulierement par les preceptes communs des Quadrans, & qui ont leur ſituation reguliere, comme ſont l'Horizontal, le Vertical droicts, & les Meridionaux, les Polaires & les Equinoctiaux ſont auſſi reguliers.

Les irreguliers ainſi appellez par oppoſition des reguliers ſont ſans nombre & autant diſſemblables entr'eux comme il ſe trouue de plans differens qui ſeront neantmoins tous reduits à certaines eſpeces expliquées briefuement & clairement cy apres.

Des Quadrans Climatiques, Reguliers de l'Horizontal & Vertical droits.

CHAP. II.

LE Quadran Horizontal dont le centre eſt A, & le vertical dont le centre eſt G, ſont tous faits dans la preſente figure pour l'eleuation de pole qu'on y veoit marquee, il ſuffit à ceux qui ne les ſçauent faire par les reigles communes d'en tranſcrire les lignes ou heures en d'autres plans ſelon les diſtances qu'elles ont ſur la figure, où la hauteur de l'Eguille eſt auſſi marquée dans l'vn & l'autre Quadran, l'Horizontal ſe poſe ſur vn poteau dans vn iardin ou autre lieu, le Vertical ſe

met

met contre vn mur qui regarde droit le midy.

DE L'EQVINOCTIAL.

L'Equinoctial a deux faces, l'vne superieure, où le Soleil luït six mois durant, à sçauoir depuis l'Equinoxe de Mars iusques à l'Equinoxe de Septembre, l'autre inferieure où le Soleil luït les autres six mois de l'an. Il se peut faire sur la figure prenant le poinct F, pour centre, & les lignes poinctées qui sont tirées audit poinct F. sur la figure, seront les heures esgalement distantes, les vnes des autres qui est tout le mesme, comme qui diuiseroit vn cercle en 24. parties esgalles d'où les lignes tirées au centre dudit cercle sõt les heures pour l'vne & l'autre face.

Et le stile doit passer par le centre, & estre à plomb à son plan de telle longueur qu'on voudra, pourueu qu'on n'y mette point les Signes, car en ce cas le stile est d'vne longueur precise, & ledit Quadran doibt estre eleué sur l'Horizon vers le midy selon l'eleuation de l'Equateur.

DV POLAIRE.

LE Polaire a aussi deux faces, superieure & inferieure, & se peut faire sur le principe transportant la ligne equinoctiale, auec les points des heures y marquées en vn autre plan, & tirant des lignes par tous lesdits poincts des heures qui soient perpendiculaires à l'equinoctial, on aura les heures du Polaire.

Et le stile doibt estre mis à plomb sur son plan, au poinct ou la ligne de midy & l'Equinoctiale se coupent.

Et sa longueur est la distance qui est entre le poinct où il est posé & le poinct de trois heures où neuf heures sur l'Equinoctiale.

Et ledit Quadran doibt regarder le midy & estre eleué sur l'horizon du costé du Nort selon l'eleuation du pole.

DES MERIDIONAVX.

LEs deux Quadrans Meridionaux se font comme le Polaire, excepté que la ligne equinoctiale transportée auec ses poincts d'heures sur le plan doit estre eleuée sur la ligne Horizontale du plan qu'elle coupe selon l'eleuation de l'Equateur, & la ligne qui sert de midy au Polaire, sert pour six heures au meridional, & ainsi des autres heures de suitte cõme plusieurs sçauent & doibuent estre posez l'vn droit vers l'Orient, l'autre vers l'Occident.

Et le stil est posé à plomb sur le mur au poinct

où la ligne de six heures, l'Horizontale & l'Equinoctiale se coupent toutes trois, & sa longueur est depuis son lieu iusques au poinct de 9. heures, ou 3. heures sur l'Equinoctiale.

Des Quadrans irreguliers en general.

CHAP. III.

ENtre les Quadrans irreguliers les vns enclinent seulement sans decliner, les autres declinent sans encliner, les autres declinent & enclinent tout ensemble.

Or encliner, c'est quand vn plan panche du poinct vertical de quelque costé que ce soit, comme sont les toicts des maisons.

Decliner, c'est quand vn plan ou mur ne regarde pas directement vne des quatre parties principales du monde, sçauoir l'Orient, l'Occident, le Midy ou le Septentrion, mais à d'autres regards ou aspects differens.

Les Quadrans qui peuuent encliner sans decliner sont tous les reguliers, comme l'Horizontal, le Vertical, les Meridionaux, le Polaire, & l'Equinoctial.

Tous les autres qui declinent peuuent aussi

encliner selon la nature des plans ou murs, & sont appellez declinans enclinez.

Il y a deux sortes de verticaux declinans, les vns ont le centre en haut, à sçauoir ceux où le Soleil luit ou peut luire au poinct de midy, les autres ont le centre en bas ou renuersé quand le Soleil n'y peut luire à midy, mais seulement deuant ou apres midy.

Il y a de plus les Polaires enclinez de quelque costé que ce soit, & de tant de degrez qu'on voudra, que s'ils enclinent vers le Nort plus bas que le pole ils ont vn centre en bas, s'ils sont plus eleuez sur l'horizon que le pole ils ont le centre en hault, & ce sont comme le vertical ou horizontal enclinez, dont sera parlé au chapitre suiuant, que s'ils ne penchent que vers l'Orient ou l'Occident, ils n'ont point de centre non plus que les Polaires reguliers, & seront expliquez au Chapitre 5.

Pour les Meridionaux enclinez, ils ont vn centre qui est marqué en bas, on peut y adiouster les plans spheriques ou ronds, comme les tours ouales, tant en la superficie concaue, que conuexe, & toute autre superficie qu'on peut imaginer, en tous lesquels plans, on peut faire des Quadrans tres facilement par nostre methode, comme sera cy apres expliqué clairement, & pour se seruir de la figure il faut la coller sur du carton afin qu'elle soit plus solide.

Des Quadrans irreguliers en particulier.

De l'Horizontal & Vertical non declinans, mais enclinez.

CHAP. IIII.

LEs Quadrans Horizontal & Vertical enclinez, ne different en rien de leurs reguliers quand aux heures qui ont les mesmes distances sur la ligne Equinoctiale, mais leurs centres sont differens, car ils sont plus haut ou plus bas selon la diuerse inclinaison du plan, pour lesquels trouuer, il faut sçauoir prendre l'inclinaison d'vn plan, ce qui se fait auec vn quart de Cercle diuisé en 90. degrez qui est chose assez commune attachãt vn fil auec vn plomb au bout, au centre dudit quart collé sur du bois ou du carton, appliquant vn des costez d'iceluy sur la muraille panchante, & alors le plomb tendant en bas marquera le degré d'inclinaison sur ledit quart de cercle, qu'on marquera par apres sur le grand cercle du principe du costé qu'il panche commençant à compter au poinct I, où la ligne Equinoctiale du principe separe les deux quarts de 90. qui y commencent leurs ciffres, & les continuent, l'vn vers le Nort, l'autre vers le Midy, comme on voit en la figure.

Cela fait on tirera vne ou plusieurs lignes du poinct C. vers le degré d'inclinaison du costé qu'on a trouué le plan encliner, comme est la ligne C. P. faite sur le principe si le plan encline vers le Nort de 20. degrez, ou la ligne C. N. si le plan panche vers le midy de 20. degrez lesquelles deux lignes coupet l'axe de l'Horizontal prolongée, és points P, & N, qui donnent les centres desdits Quadrans enclinez, & ainsi la distance qui sera entre C, P, ou C, N, sera la mesme qui doit estre sur la ligne de midy faite à plomb sur ledit Quadran encliné entre le centre d'iceluy & la ligne Equinoctiale qu'on transportera dudit principe auec les points des heures y marquées, laquelle ligne Equinoctiale sera Horizontale dans le plan encliné, & si dudit centre trouué on tire des lignes aux poincts des heures, le Quadran sera faict.

DE L'HORIZONTAL ENCLINE.

Et pour faire l'Horizontal encliné, on fait le mesme qu'au vertical encliné, excepté que la distance marquée sur la ligne d'inclinaison entre le poinct C, & la sectiõ de l'axe de l'Horizontal qui donne le centre, & le point de l'Equinoctiale audit Quadran vertical encliné pour faire le semblable à l'Horizontal encliné, ce sera la distance qui se trouuera entre le mesme poinct C, & la section que fera la ligne d'inclinaison faite pour l'Horizontal auec l'axe du vertical prolongée comme est la ligne C, O, ou C, M, faite sur le principe, & au surplus on fera comme a esté dit du vertical encliné.

Reste à poser l'axe ou esguille en l'vn & l'autre Quadran ce qui se peut faire en deux manieres. Premierement, eleuant l'axe sur le plan à proportion que le plan est encliné, c'est à dire ostant ou adioustant à l'angle de l'axe ce que l'inclinaison du plan oste ou adiouste a l'angle du Quadran regulier soit vertical ou horizontal, & ceux qui ne comprendront cette premiere pratique entendront facilement celle qui suit.

Il faut diuiser en deux parties esgalles, l'espace qui est sur la ligne de midy entre le centre du Quadran encliné desia fait, & l'Equinoctial qui est horizontal dans le plan, & du milieu faire vn demy cercle, dont la circonference touche d'vn costé ledit centre, & de l'autre ladite ligne Equinoctiale, lequel demy cercle estant fait, on transportera du principe le petit cercle qui marque 3. heures & neuf heures, & qui a pour centre C, & lequel estant descrit sur le Quadran encliné comme il est sur le principe, il coupera le demy cercle desia fait en vn poinct, auquel si on tire vne ligne du centre, elle aura l'eleuation que doit auoir l'angle de l'axe sur ledit plan encliné, & ainsi ledit Quadran sera fait.

Des Quadrans Polaires enclinez vers l'Orient ou l'Occident.

CHAP. V.

LEs Quadrans Polaires enclinez vers l'Orient ou l'Occident se peuuent faire tirant vne ligne d'inclinaison comme est C. M. du poinct C. vers le degré trouué sur le grand cercle du principe commanceant à compter les degrez vers le Nort du point L. ou bien I.

ou

ou l'Equinoctiale coupe ledit grand cercle, laquelle ligne d'inclinaison prolongée coupera dessoubs & dessus l'Equinectiale, les lignes poinctées, tirées des poincts des heures au poinct F, lesquelles sections de la ligne d'inclinaison auec les lignes poinctées donneront les distances que doiuent auoir les heures du Polaire encliné qui seront paralelles entre elles sur ledit plan, & perpendiculaires à leur ligne d'inclinaison, laquelle estant releuee sur le plan sera l'Equinoctialle.

Pour le stile il sera posé à plomb sur son plan au poinct où la ligne d'inclinaison coupe le petit cercle dont le centre est D, & sa longueur sera depuis son lieu iusques au poinct F, du principe.

Et les plans polaires enclinez qui seront opposez diametrallement seront semblables en leurs heures & stiles.

Des Quadrans Meridionaux, Orientaux, ou Occidentaux enclinez.

CHAP. VI.

LEs Quadrans Orientaux & Occidentaux enclinez, l'vn vers l'Orient, l'autre vers l'Occident ont leurs centres en bas qui ſe prennent ſur le centre de l'horizontal A, & ſe fait en mettant vn Carton ſur la ligne de midy, en ſorte qu'il couure entierement ladite ligne, & enclinant du coſté qu'on voudra vers l'Orient ou l'Occidenr. Il coupera dans le principe, les heures du vertical eleué à plomb ſur l'horizontal dans les poincts qu'il faudra marquer ſur ledit plan encliné ſelō les diſtāces qui ſe trouuerōt dans la ligne d'inclinaiſon comme peut eſtre la ligne C. M. ou C. P. & d'iceux poincts tirant des lignes au poinct ou le carton encliné couure le centre de l'horizontal, le Quadran encliné ſera fait, quand aux heures qu'on pourra tranſporter ſur les plans qui ont pareille inclinaiſon, & pour le ſtile il ſera poſé au poinct où la ligne d'inclinaiſon coupe le petit cercle dont le centre eſt E, & ſa longueur miſe à plomb ſur le plan ſera depuis ſon lieu iuſques au poinct G, du principe.

Des Quadrans Verticaux declinans qui ont le centre en haut, de quelque costé qu'ils declinent.

CHAP. VII.

AVant qu'expliquer la maniere de faire tous les Quadrans declinans, le Lecteur sera aduerty de faire prouision d'vne boussole bien iuste, affin de prendre exactement la declinaison des plans ou murs declinans, si on ne le faict par autres manieres que plusieurs sçauent.

Cela fait on mettra vn carton ou papier coupé, ou plié en droite ligne sur le degré du grand cercle au costé qu'on a trouué le plan decliner, & le faisant passer par le centre C, vers le degré opposé dans l'autre costé dudit grand cercle, il fera la ligne de declinaison, comme est la ligne O, C, P, ou M, C, N, & coupera toutes les heures du Quadran Horizontal qui sortent du centre A, dans les poincts & distances qu'elles doiuent auoir entr'elles, sur ladite ligne qu'on marquera auec les poincts des heures sur l'extremité dudit carton qui la couure: & au poinct C, ou ledit carton à coupé la ligne de midy, faut eleuer vne ligne à plomb sur ledit carton, qui sera aussi la ligne de midy pour ledit Quadran declinant, & ayant pris la distance qui est entre le poinct C, & le poinct G, sur le principe, la porter sur ladite ligne, mettant vn pied du compas sur le bout de ladite ligne en bas, & l'autre pied en haut donnera le poinct du centre duquel on tirera des lignes aux poincts marquez sur l'extremité dudit papier ou carton qui seront les heures dudict Quadran.

Et en cette pratique on remarquera qu'il n'y a point de dedifference entre le centre du vertical droict & le centre de tous les verticaux declinans non enclinez qui ont le centre en haut.

Pour le lieu du stile c'est tousiours le poinct ou la ligne de declinaison marquée sur le principe & sur le papier coupé le petit cercle dont le centre est B, & sa lõgueur c'est depuis ledit lieu iusques au poinct A, de la figure, & ledit stile doit tousiours estre eleué à plomb sur son plan.

Le Quadran ainsi faict sur du carton ou

papier peut facilement estre marqué sur le plan qui à la mesme declinaison, y attachant ledit papier auec de petits clous ou espingles, en sorte que la ligne de midy dudit papier soit tousiours mise à plomb à l'Horizon, & du centre dudit Quadran on prolongera les lignes tant qu'on voudra sur le mur alongeant aussi le stile à proportion en la maniere qui suit.

Il faut tirer du centre du Quadran ainsi attaché vne ligne qui passe par le poinct ou on a marqué le lieu du stile, & cette ligne se nõme la ligne du stile qui se trouue quelquefois sur vne des heures, en apres il faut coucher le stile perpendiculairement sur sa ligne, & luy donner la longueur precise qu'on a trouuée sur le principe, & par l'extremité du stile ainsi couché faut tirer vne autre ligne du centre du Quadran qui fermera le stile & sera l'Axe du monde, lesquelles deux lignes à propottion qu'elles se vont esloignant l'vne de l'autre, le stile se peut aussi prolonger pourueu qu'en quelque poinct de sa ligne qu'on le mette, on le couche tousiours à plomb sur icelle, & que sa longueur soit terminée par l'autre ligne qui est l'Axe du monde qui le ferme, & on doit faire ainsi en tous Quadrans qui ont centre soit en hault ou en bas dõt on veut accroistre les heures & le stile, Et si on veut apliquer la ligne Equinoctiale sur tout Quadran declinant qui a centre soit en hault ou en bas, il faut tirer vne ligne perpẽdiculaire à la ligne qui ferme le stile la prenant au poinct ou le stile couché la touche, & ladite ligne ainsi tirée du hault du stile en bas coupera la ligne qui porte le stile en vn poinct par lequel l'Equinoctiale doibt passer qui sera tirée à plomb à ladicte ligne du stile par ledit poinct, laquelle ligne Equinoctiale si elle est faite exactement coupera la ligne de six heures, & l'Horizontale du plan en mesme poinct, & ce en toute declinaison, & en toute eleuation de pole, & seruira pour mettre les Arcs des Signes en tous Quadrans qui ont centre par vne pratique tres facile qui sera expliquee cy apres.

Des Quadrans declinans enclinez.

Chap. VIII.

ILs ſe font quand à l'inclinaiſon en la meſme façon que le vertical droict encliné, ce qui a eſté expliqué cy deſſus au Chapitre 4. & encore que les declinans regardent d'autres poincts du monde que le Midy où le Nort, ils prennent neantmoins toujours leur inclinaiſon vers l'vn des deux coſtez ce qui ſe peut facilement recognoiſtre, car faiſant tomber le plan encliné du coſté qu'il penche, la ligne verticale ou meridienne couchée auec ſon plan ſur le principe ſe trouuera plus proche ſoit du midy ou du ſeptentrion & prendra ſa ligne d'inclinaiſon de ce cotté là en la maniere du vertical encliné: Pour le ſtile ſon lieu ne change point, mais l'angle venant du centre eſt augmenté ou dminué à proportion du plan encliné, comme à eſté dit au chappitre 4. du Quadran vertical encliné.

Des Quadrans renuersez ou qui ont le centre en bas.

CHAP. IX.

POur faire toutes sortes de Quadrans renuersez apres auoir pris la declinaison du plan comme a esté dit cy dessus, il faut poser vne regle, carton, ou papier coupé, ou plyé en droicte ligne d'vn bout sur le centre A, du principe, & l'autre bout sur le demy cercle diuisé en ses degrez dont le centre est A, l'arrestant sur le degré, & au mesme costé qu'on à trouué le plan decliner, & tirant vne ligne auec ladite reigle dudit centre A, vers ledit degré, elle sera la ligne de declinaison cõme est A, Q, & coupera la ligne Equinoctiale du principe au poinct q, d'où il faudra eleuer vne ligne perpendiculaire à ladite ligne Equinoctiale q, r, laquelle ligne ainsi eleuée vers le Nort coupera toutes les heures du Quadran vertical dans les poincts & distances qu'elles doiuent auoir sur le plan declinant, sur lequel auant que les transporter on on y fera vne ligne horizõtale, & fur icelle vne autre verticale qui la coupera à angles droicts, & mettant vn pied du compas fur le poinct q, ou la ligne verticale q, r, faite fur le principe coupe l'Equinoctiale, eftendre l'autre pied en haut vers les fections des heures qu'a coupé ladite ligne verticale q, r, & les tranfporter l'vne apres l'autre fur la ligne verticale faite au plan declinant, mettant vn pied du compas, fur la fection de la verticale & horizontale du plan qui refpond à la fection de la verticale & equinoctiale du principe, & l'autre pied en hault marquera tous les poincts des heures fur le plan comme elles font fur le principe, lefquelles par apres on tirera au centre, pour lequel trouuer il faut prendre fur le principe la diftance qui fe trouuera entre le centre A, & le poinct q, ou la ligne de declinaifon tirée dudit cẽtre coupe l'Equinoctiale du principe, & porter ladite diftance fur le plan mettant vn pied du compas fur la fection des deux lignes, verticale & horizontale, & eftendant l'autre pied fur l'horizontale au cofté plus proche du midy, il donnera le poinct du centre auquel on tirera des lignes de tous les poincts des heures marquées sur la verticale qui seront les heures pour ledit Quadran.

Et pour poser le stile audit Quadran il faut prendre sur le principe la distance qui est entre le centre A, & la section que fait la ligne de declinaison dudit plan auec le petit cercle dont le centre est B, & la porter sur le Quadran faict dans le plan, mettant vn pied du compas dãs le centre dudit Quadran, & l'autre pied coupera l'horizontale du costé de la ligne verticale en vn poinct où il fault eleuer vne ligne à plomb à l'horizontale qui soit esgalle en longueur à la distance qui est entre C, G, dans le principe, & le bout d'enhaut de ladite ligne sera le lieu du stile qui doit estre à plõb à son plan, & sa longueur sera la distance qui est dans le principe depuis le poinct V, où la ligne de declinaison coupe le petit cercle B, & le poinct C, dudit principe.

Quadrans renuersez enclinez.
Chap. X.

POur faire les susdits Quadrans enclinez, il ne faut que faire pancher du costé qu'on voudra les lignes verticales q, r, ou s, t, qui sont faites sur le principe pour faire le Quadran droict, & elles couperont les heures du verticale en d'autres poincts desquels tirant des lignes au centre pris sur le point A, en la maniere cy dessus, le Quadran sera fait, & pour le stile il sera facile de le poser par le raport au stile du Quadran non encliné, car les bouts de tous les stiles enclinez doibuent estre de telle longueur qu'estans mis à plōb sur leurs plans, l'extremité desdits stiles vienne à rencontrer le bout du stile du Quadran non encliné qui touche tousiours l'Axe du monde dans vn poinct, ce que comprendront facilement ceux qui ont tant soit peu d'intelligence aux quadrans, & les autres le pourront entendre, en communiquant auec ceux qui le sçauent.

Des Quadrans ronds, concaues & conuexes.

Chap. XI.

On peut faire des Quadrans sur des plans ronds ou d'autres figures posāt ſur le principe des lignes horizõtales qu'on aura priſes ſur les ſuperficies de tels plans qui ſoient courbes ou de telle figure qu'on voudra, qu'on peut prendre auec vne reigle de plomb, l'appliquant & courbant ſur le plan rond, laquelle reigle ainſi pliee eſtãt poſée ſur ledit principe en la maniere cy-deuant expliquee, & y mettant les centres, ſelon qu'a eſté dit cy deuant des autres Quadrans, ainſi on y peut faire des Quadrans verticaux droicts, ou declinans ou enclinez qui auront le centre ou en hault ou en bas, ou ſans centre ſelon les plans & les aſpects qu'ont tels plans aux quatre parties du monde. Pour exemple ſi on veut prendre dans vne tour vn poinct qui regarde le midy, le centre ſera ſemblable au vertical droict, & les poincts des heures ſe prendront ſur le principe dans les ſections que fera la ligne horizontale courbe poſée ſur le plan auec les heures du Quadran horizontal du principe faiſant touſiours que ladite ligne courbe couure le poinct C, au poinct ou la ligne de midy doit eſtre marquée, & s'eſtende ſelon ſon aſpect des deux coſtez des heures qu'elle coupera, & ſi pour vne ſuperficie cõuexe, les deux bouts de la ligne courbe remonteront vers le Nort, si pour vne concaue, ils se fermeront vers le midy.

Si on veut prendre vn autre poinct de ladite tour declinant du midy, & que neãtmoins le Soleil y luise à midy on fera à proportion, ce qui a esté dit des Quadrans declinans qui ont le centre en hault. Si on prend vn autre poinct où le Soleil ne luise point à midy on mettra le centre en bas comme a esté dit des Quadrans renuersez, & ainsi des autres, Pour poser les stiles on fait comme aux autres Quadrans.

Maniere pour accommoder la figure pour seruir à toutes les eleuations de Pole du monde.

Chap. XII.

Avant qu'expliquer ce Chapitre, pour en faciliter l'intelligence à ceux qui ne sont beaucoup versez à la cognoissance du globe, il faut sçauoir que pour faire des Quadrans climatiques en diuerse eleuation de Pole, il faut aussi que leur principe qui eſt le globe deſcrit en planiſphere ſur noſtre figure ſoit eleué ou baiſſé ſelon les eleuations differentes des païs ou on le veut faire ſeruir, ce qui ſe fera tres facilement changeant les centres qu'on trouuera marquez ſur vne ligne imprimée au coſté de la figure, où tous les centres ſont marquez pour l'vn & l'autre Quadran depuis le 20. degré d'eleuation iuſques au 70. qui contient toute la Zone temperée & plus. La maniere d'appliquer leſdits centres ſera deſcrites cy apres.

De plus il faut ſçauoir qu'il y a certaines lignes & poincts dans le principe qui ne changent point, encore qu'on change les centres, mais ſont tous les meſmes en toute eleuation de Pole.

1. Le grand cercle diuiſé en ſes degrez, dont le centre eſt C.

2. Les deux lignes l'vne de Midy & l'autre Equinoctiale qui ſe coupent dans ledict poinct C, & diuiſent le grand cercle en quatre parties eſgales.

3. Les poincts des heures marquees ſur la ligne Equinoctiale.

4. Le petit cercle qui coupe trois heures & neuf heures ſur l'Equinoctiale, & qui a

le mesme centre comme le grand cercle.

5. Vn autre petit cercle dont le centre est D.

6. Le demy cercle diuisé en ses degrez dont le centre est A, qui est tousiours en mesme poinct que le centre de l'horizontal.

Il reste à changer dans ladite figure ou principe les deux centres, l'vn de l'horizontal A, & l'autre du vertical G, ce qu'on peut faire facilement par les preceptes communs des Quadrans, mais ceux qui ne les sçauent les feront en la maniere qui suit.

En la ligne A, C, G, imprimée au costé & hors la figure on trouuera tous les centres marquez pour toutes les eleuations de Pole du monde depuis 20. degrez iusques à 70. pour donc les appliquer, afin d'accõmoder le principe à telle eleuation qu'on voudra, il faudra mettre vn pied du compas sur le poinct C, de ladite ligne A, C, G, & estendre l'autre pied sur le legré qu'on desire prẽdre du costé A, si c'est pour trouuer le centre de l'horizontal, ou du costé G, si pour le vertical, & retenant ladite distance, mettre vn pied du compas sur le poinct C, de ladite ligne, & estendant l'autre pied vers A, pour l'horizontal, ou vers G, pour le vertical, il marquera sur la ligne de midy les deux centres qu'on desire chãger ausquels tous les poincts des heures marquez sur la ligne equinoctiale estans tirez de part & d'autre en la mesme façon qu'est la premiere figure, le principe sera fait pour telle eleuation, mais il faudra le faire en vn autre plan pour euiter la confusion des lignes.

Et pour cognoistre quels centres du costé du vertical correspondent aux centres de l'horizontal opposé. Et *E Contra*. on le sçaura par les ciffres qui sont marquez de 5. en 5. Car ostant de 90. le nombre qu'on prendra d'vn costé, le reste du nombre marqué en l'autre costé marquera le centre opposé, & pour plus grande facilité on a encore marqué par mesmes lettres les centres opposez de costé & d'autre de la ligne A, C, G, Il reste encore à faire les deux petits cercles dont le centre est B, & E, qu'on fera en la maniere de ceux qu'on voit faits sur le principe, à sçauoir que leur diamettre soit tousiours la distance qui se trouuera entre le poinct C. du principe, fait de noueau,

&

& leurs deux centres de l'vn & l'autre Quadrãs A, & G, on y marquera aussi les lignes des deux Axes, l'vne du vertical, l'autre de l'horizontal, ce qu'on fera en tirant vne ligne de chaque centre, qu'on fera passer par les sections ou le cercle de trois heures ou neuf heures dont le centre est C, coupe les deux petits cercles qui ont pour centre B, & E, & lesdites Axes qu'on prolongera, auront l'angle d'eleuation qu'elles doiuent auoir sur leur plan, & en cette maniere le principe sera faict pour l'eleuation qu'on voudra.

Moyen tres-facile pour mettre les Arcs des Signes, des mois & des iours en tous Quadrans qui ont centre, soit en hault ou en bas, & ce par vne seule pratique.

Chap. XIII.

LE Quadran estant fait par les preceptes cy dessus, & la ligne Equinoctiale posee dans ledit Quadran, dont la maniere de la tirer est descrite au Chap. 7. des Quadrans declinans, on prendra vne reigle de la longueur qu'on aura besoin, qui aura vne petite boucle en vn des bouts, en sorte qu'on la puisse attacher auec vn clou ou poinçon au centre du Quadran fait, & qu'elle puisse tourner deça & dela à l'entour dudit clou, & l'ayant ainsi attachee au centre, la faire passer par le hault du stille couché sur le plan dudit Quadran, & au poinct de la reigle qui couure le hault du stile, y poser vn rayon des Signes fait sur du carton, & l'attacher auec vn petit estau ou autre chose qui le tienne ferme sur ladite reigle qui represente l'axe du moude, à laquelle le rayon de l'Equateur qui est au milieu des autres rayons sur le carton doit tousiours estre à plomb, & par le centre desdits rayons posé tout sur le bord de la reigle faut faire passer vn filet de soye de la longueut qu'on aura besoin, puisse on haussera ou baissera ladite regle attachée au centre, iusques à ce que ledit fil prolongé en couurant le rayon de l'Equateur marqué sur le carton vienne à couper la ligne Equinoctiale desia tiree sur le plan aux points ou chaque heure du Quadran fait la coupe, & arrestant là ladite reigle porter ledit fil ſur chaque rayon des autres Signes l'vn apres l'autre ſur vne meſme heure, deuant que mouuoir ladite reigle, & en faiſãt ainſi ſur chaque heure dudit Quadran on aura tous les poincts ſur les heures qu'on ioindra enſemble, dont ſeront faits les Arcs des Signes ou des iours ou des mois, ſelon qu'on aura pris ſur le rayon le degré des Signes qu'on voudra qui ſe rencontrent au iour ou mois qu'on veut marquer ſur ledit Quadran.

Et les Arcs eſtans mis il eſt tres facile d'y mettre auſſi les heures Italiennes, Babiloniennes & Iuifues, ce qui eſt expliqué au Chapitre ſuiuant.

Des heures Italiennes, Babiloniennes & Iuifues.

CHAP. XIIII.

AVant qu'Expliquer la maniere de deſcrire les heures Italiennes, Babilonniennes & Iuifues, il conuient ſçauoir en quel climat on eſt, c'eſt à dire combien d'heures ont les plus longs, & plus courts iours artificiels de l'an, au lieu où on faict le Quadran afin d'y appliquer lesdites heures, Or le iour artificiel c'est le temps qui est entre le leuer & coucher du Soleil d'vn mesme iour.

Secondement, il faut sçauoir que les heures Babiloniennes commencent tousiours au poinct que le Soleil leue en quelque temps de l'année que ce soit, & y finissent aussi comprenant le iour & la nuict iusques à vingt-quatre heures accomplies : De sorte qu'vne heure apres que le Soleil est leué au lieu ou nous sommes, il est vne heure selon les heures Babiloniennes, & à deux heures apres il est deux heures, & ainsi de suite, d'où on voit en tous temps combien il y a que le Soleil est leué.

Les heures Italiennes cõmencent tousiours & finissent au Soleil couchãt en quelque saison que ce soit de l'année, & ainsi vne heure apres que le Soleil est couché, il est vne heure à l'Italienne, à deux heures apres il est deux heures, & ainsi de suitte iusques à vingt-quatre heures qui finissent au Soleil couchant du iour suiuant, d'où on peut voir combien il reste chaque iour iusqu'au Soleil couché : car pour exemple s'il eſt dix-huict heures à l'Italienne, il reſte encore ſix heures de Soleil, par ce que le Soleil couche quand il eſt vingt-quatre heures, & depuis dix-huict heures iuſques à vingt-quatre il y a ſix heures, & ainſi des autres, d'où on voit combien chaque iour artificiel à d'heures, d'autant que par les heures Babiloniennes on voit le temps que le Soleil eſt leué, & par les Italiennes on ſçait combien il reſte à coucher, & ces deux nombres enſemble, font la longueur de chaque iour artificiel de l'annee.

Pour les heures Iuifues elles commencent auſſi au Soleil leuant, comme les Babiloniennes, Mais elles partagent tous les iours artificiels de l'année tant loings que courts en douze parties eſgalles, d'où s'entendent les paroles de noſtre Seigneur. Il y a douze heures au iour, & ainſi les ſeize heures qu'à le iour plus long d'Eſté à Paris eſt reduit à douze, mais chaque heure à vne heure & vn tiers de nos heures, & les huict heures du plus court iour d'hyuer sõt auſſi reduites à douze, & n'ont que deux tiers d'heure chacune: d'où elles ſont appellees heures ineſgalles, on les nomme auſſi antiques & planetaires.

Cela ſuppoſé, il eſt tres-aiſé de mettre leſdites heures dans les Quadrans où ſont deſcrites les Arcs des Signes, car ſçachant à qu'elle heure le Soleil leue áu plus long iour d'Eſté, il faut marquer ſur l'Arc de Cancer le poinct ou finit la premiere heure apres le Soleil leué; Pour exemple, ſi le Soleil leue à quatre heures comme à Paris, le poinct ou finit la premierre heure, ſe trouue au poinct de cinq heures, & partant la premiere heure Babilonienne doibt paſ-ſer par le poinct ou cinq heures coupent l'Arc de Cancer, & eſtre tirée dudit poinct par le poinct ou ſept heures coupent l'E-quinoctiale, & l'autre bout ira couper neuf heures ſur l'autre tropique, pareillement la ſeconde heure Babilonienne touchera d'vn bout ſix heures dans l'Arc de Cancer, & paſſant par le poinct de huict heures ſur l'Equinoctiale, coupera dix heures en l'au-tre tropique, & ainſi vers l'Occident d'heu-re en heure, tirant des lignes d'vn tropique à l'autre qui coupe touſiours de ſuitte l'E-quinoctiale dans les poincts des heures, on aura les heures Babiloniennes.

Que ſi le Soleil ne leue pas à quatre heu-res, mais pour exemple vn quart d'heure apres, comme à Lyon & autres lieux qui ſont ſoubs meſmes paralelle, la premiere heure Babilonienne coupera l'Arc de Cancer à cinq heures & vn quart, la ſeconde à ſix heures & vn quart, & ainſi de ſuitte, mais ſur la ligne Equinoctiale il n'y a point de changement, Car la premiere heure Babilonique paſſe touſiours par le poinct de ſept heures, La ſeconde coupe huict heures, & ainſi des autres.

Pour les heures Italiennes, elles ont le meſme ordre aux poincts oppoſez, & ſe ſuiuent d'Occident vers l'Orient, tout ainſi que les Babiloniennes vont de l'Orient vers l'Occident, & ſe coupent touſiours ſur l'Equinoctioale les vnes les autres, & vingt trois heures Italiennes reſpodent à vne heure Babilonienne, vingt-deux heures Italiennes à deux heures Babiloniennes, vingt-vne & trois, & ainſi des autres, & faut remarquer que les heures qui ſont Babiloniennes à vn quadran horizontal, ſont Italiennes à vn vertical : & partant il faut chãger les Ciffres comme pluſieurs ſçauent.

Quand aux heures Iuifues, la premiere heure en ce climat ſe marque ſur le tropique du Cancre à cinq heures & vn tiers, &

va couper l'Equinoctiale au poinct de sept heures, la seconde coupe le mesme tropique à six heures deux tiers, & passe par le poinct de huict heures sur l'Equinoctiale, la troisiesme coupe huict heures sur ledit tropique& passe par le poinct de neuf heures sur l'Equinoctiale, & ainsi prend tousjours de suitte vne heure & vn tiers sur ledit tropique de Cācer, & vne heure entiere sur l'Equinoctiale, & sur le tropique du Capricorne se trouuent n'auoir que deux tiers de nos heures, & par ainsi font tousiours douze heures au iour.

Explication de quelques termes qui se trouuent en ce Traicté.

CHAP. XV.

A L'occasion du tiltre de cette methode, qui porte, que toutes personnes, mesmes ceux qui n'ont aucune cognoissance des Mathematiques la pourront pratiquer. I'ay creu estre obligé d'expliquer familierement quelques mots ou termes que plusieurs ne pourroient entendre.

Centre,

Centre, Eſt vn poinct au milieu d'vn cercle duquel toutes les lignes tirées à la circonference ſont eſgalles.

Circonference, Eſt vne ligne ronde, faicte à l'entour d'vn centre poſé au milieu.

Degré, Eſt vne partie d'vn cercle diuiſé en trois cens ſoixante parties, comme eſt le grand cercle de la figure, & la quatrieſme partie dudit cercle contient 90.

Diamettre, Eſt vne ligne droicte laquelle paſſant par le centre d'vn cercle le diuiſe en deux parties eſgalles.

Angle, Eſt la concurrence de deux lignes qui ſe coupent l'vne l'autre.

Angle droict, Eſt le meſme que l'angle d'vne Equerre dont on ſe ſert à le faire, & pour le fermer il faut vn quart de cercle.

Ligne Perpendiculaire qu'on nomme auſſi ligne à Plomb, eſt celle qui coupe vne autre ligne à angles droicts, comme ſont les lignes de midy & l'Equinoctiale de la figure qui ſe coupent dans le poinct C.

Lignes Paralelles, ſont deux ou plusieurs lignes, leſquelles eſtans prolongées à l'infiny, ne ſe coupent iamais, mais ſont

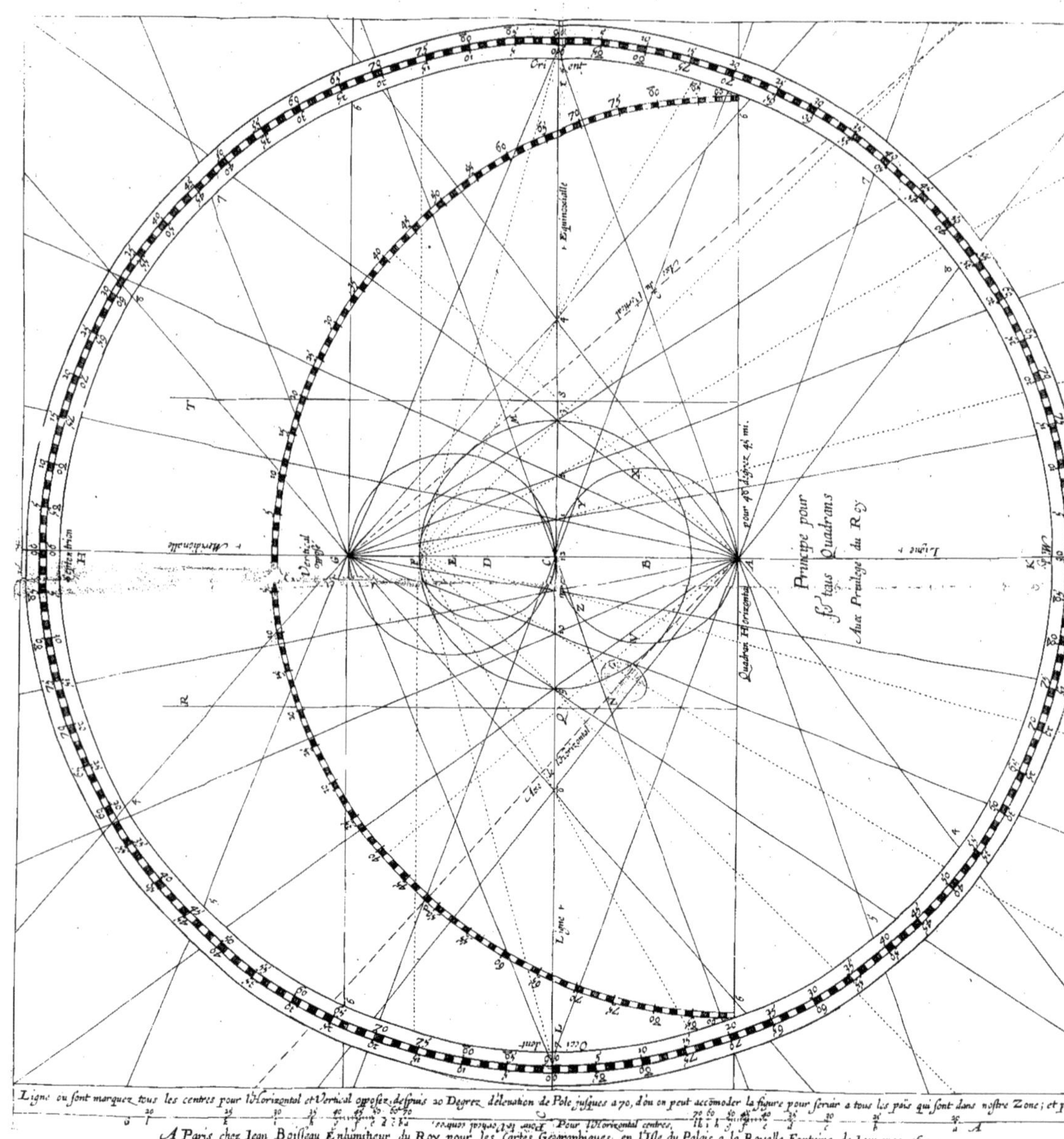
Ori ent
Equinoctialle
Axe du Vertical
Principe pour tous Quadrans
Aux Privilege du Roy
Quadran Horizontal pour 48 degrez 45 mi.
Vertical opposé
Meridionalle
Septentrion
Ligne
Axe Horizontal
Occi dent
Ligne ou sont marquez tous les centres pour l'Horizontal et Vertical opposez, depuis 20 Degrez d'elevation de Pole jusques a 70, d'où on peut accomoder la figure pour servir a tous les païs qui sont dans nostre Zone; et p
Pour l'Horizontal centres.
A Paris chez Iean Boisseau Enlumineur du Roy pour les Cartes Geographiques, en l'Isle du Palais a la Royalle Fontaine de Iouuence 1641.

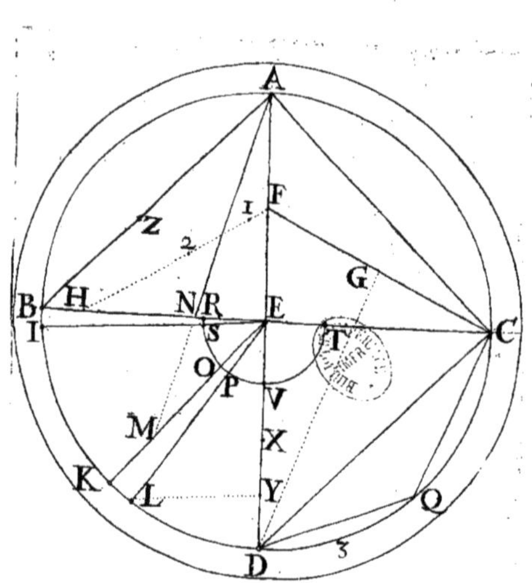
A
I
F
Z
2
G
B
H
N
R
E
I
S
T
C
O
P
V
M
X
K
L
Y
Q
3
D

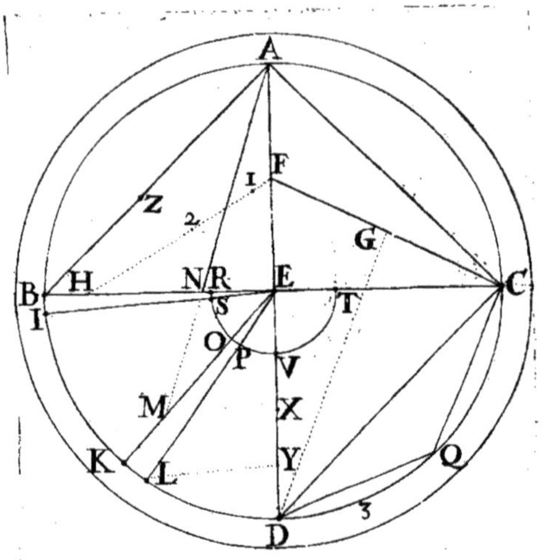

A
F
1
Z
2
G
B
H
N
R
E
C
I
S
T
O
P
V
M
X
K
L
Y
Q
3
D

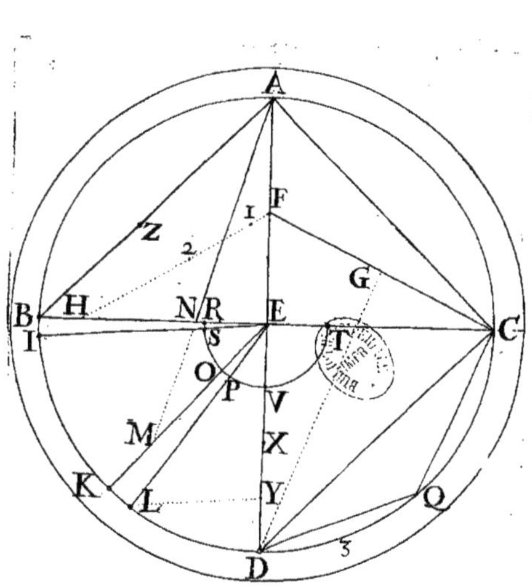
A
F
1
Z
2
G
B
H
N
R
E
C
I
S
T
O
P
V
M
X
K
L
Y
Q
D
3

www.ingramcontent.com/pod-product-compliance
Ingram Content Group UK Ltd.
Pitfield, Milton Keynes, MK11 3LW, UK
UKHW021003220726
13924UKWH00002B/864

9 782019 967314